Michael Rehberg

Wachstumsindikatoren – Eine Analyse am praktischen Beispiel des wirtschaftlichen Wachstums in den Südostasiatischen Tigerstaaten von 1970 - 2007

GRIN Verlag

Bibliografische Information der Deutschen Nationalbibliothek:

Die Deutsche Bibliothek verzeichnet diese Publikation in der Deutschen National-
bibliografie; detaillierte bibliografische Daten sind im Internet über http://dnb.d-
nb.de/ abrufbar.

Dieses Werk sowie alle darin enthaltenen einzelnen Beiträge und Abbildungen
sind urheberrechtlich geschützt. Jede Verwertung, die nicht ausdrücklich vom
Urheberrechtsschutz zugelassen ist, bedarf der vorherigen Zustimmung des Verla-
ges. Das gilt insbesondere für Vervielfältigungen, Bearbeitungen, Übersetzungen,
Mikroverfilmungen, Auswertungen durch Datenbanken und für die Einspeicherung
und Verarbeitung in elektronische Systeme. Alle Rechte, auch die des auszugsweisen
Nachdrucks, der fotomechanischen Wiedergabe (einschließlich Mikrokopie) sowie
der Auswertung durch Datenbanken oder ähnliche Einrichtungen, vorbehalten.

Impressum:

Copyright © 2007 GRIN Verlag GmbH
Druck und Bindung: Books on Demand GmbH, Norderstedt Germany
ISBN: 978-3-640-38309-2

Dieses Buch bei GRIN:

http://www.grin.com/de/e-book/132300/wachstumsindikatoren-eine-analyse-am-
praktischen-beispiel-des-wirtschaftlichen

GRIN - Your knowledge has value

Der GRIN Verlag publiziert seit 1998 wissenschaftliche Arbeiten von Studenten, Hochschullehrern und anderen Akademikern als eBook und gedrucktes Buch. Die Verlagswebsite www.grin.com ist die ideale Plattform zur Veröffentlichung von Hausarbeiten, Abschlussarbeiten, wissenschaftlichen Aufsätzen, Dissertationen und Fachbüchern.

Besuchen Sie uns im Internet:

http://www.grin.com/

http://www.facebook.com/grincom

http://www.twitter.com/grin_com

Justus-Liebig-Universität Gießen

Fachbereich 07 - Mathematik und Informatik, Physik, Geographie

Institut für Geographie – Professur für Wirtschaftsgeographie

Oberseminar Wirtschaftsgeographie:
Schwellenländer in Ost- und Südost-Asien
(Mo. 14.15 – 15.45)
Sommersemester 2007

Hausarbeit

Wachstumsindikatoren – Eine Analyse am praktischen Beispiel des wirtschaftlichen Wachstums in den Südostasiatischen Tigerstaaten von 1970 - 2007 (Hongkong, Indonesien, Malaysia, Philippinen, Singapur, Süd-Korea, Thailand und Taiwan)

Verfasser:
Michael Rehberg

Doppelstudium:
Magister
Politikwissenschaften (HF)
Neuere Geschichte (1. NF)
Geographie (2. NF)
<u>7. Fachsemester</u>
Diplom - Geographie
Politikwissenschaften (NF)
Neuere Geschichte (NF)
5. Fachsemester

Abgabetermin: 30.05.07

Inhaltsverzeichnis

1. Einleitung

„The East Asian Miracle" (Weltbank 1993) drückt die Erfüllung eines südostasiatischen Wunders aus. Diese Publikation der Weltbank mit dem Ziel die Wirtschaftsentwicklung Ostasiens von 1970 bis 1990 zu untersuchen und die zielführenden Wirtschaftspolitiken zu erläutern, wurde zum Standardwerk über wirtschaftliche Entwicklung Ostasiens. Das Paradebeispiel nachholender Wirtschaftsentwicklung von Entwicklungsländern hinzu Industrienationen bekam dennoch im ausgehenden 20. Jahrhundert durch die Asienkrise einen Einschnitt. Niemand, nicht einmal die Weltbank oder der Internationale Währungsfond, hielten eine solche Krise im Wachstumszentrum der Weltwirtschaft zu diesem Zeitpunkt für möglich. Im beginnenden 21. Jahrhundert müssen die Südostasiatischen Tigerstaaten die Nachwirkungen der Krise verkraften und neues Wachstum generieren.

Ziel der vorliegenden Arbeit soll es sein, einen theoretischen Einblick in die Indikatoren zum wirtschaftlichen Wachstum zu geben. Das eingeführte Wissen soll im zweiten Teil der Arbeit auf das empirische Problem der Wirtschaftsentwicklung in der Wachstumsregion Südostasiens angewandt werden. Der Betrachtungsraum ist mit den Staaten Südkorea, Thailand, Indonesien, Malaysia, Singapur und Hongkong eingegrenzt. Vorgegangen wird in einer chronologischen Darstellung.

Folglich liegt dieser Hausarbeit die Fragestellung zugrunde, inwiefern mit Indikatoren wirtschaftliches Wachstum gemessen und greifbar gemacht werden kann.

2. Was ist Wachstum?

Wachstum ist die Zunahme einer wirtschaftlichen Größe im Zeitablauf bezogen auf Unternehmen, private Haushalte oder auf den Staat. Gemessen wird das Wachstum als prozentuale Veränderung eines Zeitraumes.

Folgende Formel gilt: W: $(Y_t - Y_{t-1}) / (Y_{t-1}) * 100$.

Die Wachstumsrate (W) des Produktes (Y) bezieht die jeweilige absolute Zunahme in einer Periode (t) auf das Niveau der Vorperiode (t-1).

Die Wachstumsrate soll sich auf die Volkswirtschaftliche Gesamtrechnung beziehen, weil diese die wirtschaftlichen Aktivitäten eines abgegrenzten Raumes erfasst.

Das Wachstum kann sich auf dabei verschiedene Größen beziehen wie z.b. das Bruttoinlandsprodukt, das Bruttonationalprodukt, das Pro-Kopf-Einkommen oder die Exportrate (vgl. Brockhaus 2006, S. 298 – 301).

Aus volkswirtschaftlicher Sichtweise ist Wachstum das Produkt eines kombinativen Einsatzes von Produktionsfaktoren (Boden, Arbeit und Kapital). Dieser Einsatz von Faktoren lässt sich wiederum innerhalb einer Formel ausdrücken.

$Y = A \, F \, (L,K,H,N)$

Y bezeichnet hierbei den produzierten Output der folgenden Inputvariablen. Hierbei ist L die Bezeichnung für die Menge des Produktionsfaktors Arbeit, K die Menge des Produktionsfaktors Realkapital, H die Menge des Produktionsfaktors Humankapital und N die Menge des Produktionsfaktors natürliche Ressourcen. F ( ) stellt eine Funktion dar, wie die Inputs zur Produktion des Outputs kombiniert werden. Die Variable A bezeichnet die verfügbare Produktionstechnologie. Ein Ansteigen der Variablen A kennzeichnet die stätige Weiterentwicklung der Produktionstechnologie und führt zu einem erhöhten Output mit dem gegebenen Einsatz an Input (vgl. Mankiw 2001, S. 559).

3. Wachstums- und Wirtschaftsindikatoren

3.1 Volkswirtschaftliche Gesamtrechnungen

Ökonomische Wachstums- und Entwicklungsindikatoren werden aus dem System der Volkswirtschaftlichen Gesamtrechnung gewählt. Die Volkswirtschaftliche Gesamtrechnung definiert sich als gesamtwirtschaftliche Buchführung aller erbrachten Leistungen einer bestimmten Region in einer zeitlich begrenzten Periode. Dieses System ist weltweit standardisiert und kann daher als Vergleichsmaß dienen.

Ausgangsgröße der Berechnung ist der Bruttoproduktionswert der einzelnen Sektoren (Haushalte, Unternehmen, Staat) des Betrachtungszeitraumes. In diesen Werten sind die Vorleistungen inbegriffen. Der Bruttoproduktionswert, vermindert um diese Vorausleistungen, ergibt die Bruttowertschöpfung. Zieht man von der Bruttowertschöpfung Einfuhrabgaben ab, erhält man das Bruttoinlandsprodukt (BIP), dass die produzierten Güter und Dienstleistungen in einer Region innerhalb einer Periode beschreiben (vgl. Schätzl 2000, S. 13 – 14).

Folgende Berechnungsgrundlage und Definition liegt dem Bruttoinlandsprodukt zu Grunde.

„Das Bruttoinlandsprodukt (BIP) ist der Marktwert aller für den Endverbrauch bestimmten Waren und Dienstleistungen, die in einem Land in einem bestimmten Zeitabschnitt hergestellt werden." (Mankiw 2001, S. 522)

Das Bruttoinlandsprodukt wird mit folgender Formel gemessen: $Y = C + I + G + NX$.

Das BIP wird hier mit Y bezeichnet. In ihre Bestandteile zerlegt bedeutet diese Formel die Addition von Konsum/Privatem Verbrauch (C), Investitionen (I), Staatsausgaben (G) und Nettoexport (NX). Das Bruttoinlandsprodukt beschreibt also alle hergestellten Werte eines Zeitraumes (vgl. Mankiw 2001, S. 522 – 529).

Verringert man das Bruttoinlandsprodukt um Abschreibungen, so ergibt dies das Nettoinlandsprodukt zu Marktpreisen. Ist die Wertschöpfung der Produktionsfaktoren Arbeit, Kapital und Boden nachgefragt, muss das Nettoinlandsprodukt um indirekte Steuern und Subventionen bereinigt werden (leistungsunabhängige Kaufkrafttransfers) (vgl. Schätzl 2000, S. 13.).

Abbildung 1: Volkswirtschaftliche Gesamtrechnung; Grundschema

Quelle: Schätzl 2000, S. 14.

Das Bruttoinlandsprodukt beschreibt die produzierte Wirtschaftsleistung einer Region, jedoch nicht die Summe an Einkommen die Inländer im Ausland erwirtschaftet haben. Um die weltweite Wirtschaftsleistung von Bürgern einer Staatsangehörigkeit zu messen, betrachtet man das Bruttosozialprodukt (BSP), dass vom Bruttoinlandsprodukt errechnet wird. Seit 2002 bezeichnet die Weltbank dieses als Bruttonationaleinkommen (BNE). Das Bruttonationaleinkommen basiert auf einem modifizierten Gesamtrechnungssystem, welches auf der Betrachtung von Inländern beruht. Jegliche erwirtschaftete Werte einer

3

Nation im Ausland durch Angehörige derselben Nation werden dem Bruttoinlandsprodukt addiert, sowie die erbrachten Werte ausländischer Nationalitäten im eigenen Staat vom Bruttoinlandsprodukt subtrahiert (vgl. Kulke 2006, S. 168).

3.2 Pro-Kopf-Einkommen

Das Pro-Kopf-Einkommen ist eine weitere errechnete Größe aus der Volkswirtschaftlichen Gesamtbetrachtung zur Betrachtung und Bewertung von räumlichen Disparitäten.

Um einen räumlichen Vergleich des Bruttoinlandsproduktes zu ermöglichen muss dieses in Vergleich zur Größe des Landes gesetzt werden. Der übliche Bezugsmaßstab zur Größe ist die Einwohnerzahl. Wenn das Bruttoinlandsprodukt durch die Einwohnerzahl geteilt wird, erhält man das Pro-Kopf-Einkommen. Das Pro-Kopf-Einkommen liefert einen vergleichbaren Wert, weil die Größe des Betrachtungsgegenstandes in Relation zur Leistungsfähigkeit gesetzt ist, denn die Betrachtung eines absoluten Wertes ermöglicht keine vergleichende Aussage (höheres Bruttosozialprodukt Chinas gegenüber Luxemburg, dennoch höhere Wirtschaftsleistung Pro-Kopf Luxemburgs in vergleichender Betrachtung). Der Vergleich von Wachstumsraten des Pro-Kopf-Einkommens erlaubt wirtschaftliche Dynamik zu erfassen. Deshalb ist das Pro-Kopf-Einkommen der am häufigsten eingesetzte Indikator zum wirtschaftlichen Entwicklungsstand (vgl. Kulke 2006, S. 168 - 171).

3.3 Zur Kritik an der Volkswirtschaftlichen Gesamtrechnung und Wachstumsindikatoren

Ein erheblicher Zweifel besteht an der Aussagekraft des Inlandsproduktes als Messgröße der wirtschaftlichen Leistungskraft einer Region. In der Literatur erfährt die gesamte Volkswirtschaftliche Gesamtrechnung und insbesondere das Pro-Kopf-Einkommen eine erhebliche Kritik an dessen Aussagekraft in Bezug auf Wohlstand und Entwicklung eines Staates.

Erheblich voneinander abweichende Daten werden von den unterschiedlichen Statistikabteilungen internationaler Institutionen ausgewiesen. Zurückzuführen sind diese Abweichungen auf einen Unterschied in Definitionen, Erhebungsmethoden oder Kompositionen der Bezugsgruppen. Aufgrund dieser Unterschiede ergibt sich ein Problem der Datenvergleichbarkeit. Den Daten der Weltbank wird eine hohe Zuverlässigkeit angerechnet (vgl. Nuscheler 2005, S.187).

Das Bruttonationaleinkommen (BNE) und das Pro-Kopf-Einkommen messen Leistungen, die staatlich bzw. über einen öffentlichen Markt ausgetauscht wurden. Allerdings wird den erbrachten Leistungen des Schwarzmarktes keine Beachtung geschenkt, obwohl dieser besonders in den Entwicklungsländern eine hohe Bedeutung zukommt. Auch spielen unentgeltliche Leistungen wie die Arbeit von Hausfrauen, Müttern, familiären Pflegediensten oder die reine Subsistenzwirtschaft in der Berechnung keine Rolle (vgl. Nuscheler 2006, S. 187 und Schätzl 2000, S. 16 -17).

Die in US-Dollar gemessene Kaufkraft sagt nichts über die tatsächliche Kaufkraft nationaler Währungen aus. Es wurde herausgefunden, dass Währungen gewichtet um einen Faktor von 3 für die ärmsten Entwicklungsländer und für die Entwicklungsländer mit mittlerem Pro-Kopf-Einkommen um einen Faktor von 2,0 bis 2,5 eine Gewichtung erfahren müssen, um reale Kaufkraftparitäten abbilden zu können (vgl. Nuscheler 2006, S. 188 und Schätzl 2000, S.19).

Das Bruttoinlandsprodukt und das Pro-Kopf-Einkommen sind rein ökonomische Indikatoren, die keine Auskunft über die sozioökonomische Entwicklung geben. Zwei Drittel der Bevölkerung in den Entwicklungsländern verfügen statistisch nicht über das ausgewiesene Pro-Kopf-Einkommen. Zudem wird mit dem statistischen Durchschnittswert die enorme Parität zwischen Kern- und Randregionen, Stadt und Land oder sozialen Schichten verdeckt (vgl. Nuscheler 2006, S. 189). Um diese in der Untersuchung zu erfassen, ist es notwendig in der Betrachtung neben dem Pro-Kopf-Einkommen einen weiteren gesellschaftlichen Indikator einzubeziehen. Beispielhaft für die Einkommensverteilung wäre die Betrachtung des Pro-Kopf-Einkommens in Verbindung mit dem Gini-Koeffizienten als Verteilungsindikator (vgl. Schätzl 2000, S. 161 und Abb.3, Weltbank 1993, S.4).

Der Umweltverbrauch wird vom BNE nicht erfasst. Dieser addiert den Verbrauch von natürlichen Ressourcen zur erwirtschafteten Leistung. Dies mag zu einem kurzfristigen Wachstum beitragen, dennoch wird das nachhaltige und langfristige Wachstum vermindert. Es handelt sich bei dem unwiederbringlichen Abbau von Ressourcen um negatives Wachstum, welches vom BNE subtrahiert werden muss. Eine der wichtigsten Ressourcen der Entwicklungsländer ist die ausgeprägte Biodiversität, die für eine nachhaltige Entwicklung geschützt werden soll. (vgl. Nuscheler 2006 S.189 und Schätzl 2000, S. 17)

3.4 Exportquote / Welthandelsanteile

Welthandelsanteile

Die dynamische Untersuchung der Welthandelsanteile urteilt über die Wettbewerbsfähigkeit. Ein steigen der Welthandelsanteile wird hierbei positiv gewertet. Der Welthandelsanteil ist definiert als der Anteil inländischer Güter am Welthandel. Über die absolute Zahl kann keine Betrachtung staatfinden, da hier wieder Länder wie Luxemburg und China verglichen würden, die durch ihre unterschiedliche Größe unterschiedliche absolute Zahlen aufführen, die keine Aussagen zur Wettbewerbsfähigkeit zulassen (vgl. Stierle 1998, S. 23 – 26).

Exportquote

Die Exportquote ist der Ausdruck des Grades an Einbindung von Volkswirtschaften in die weltwirtschaftliche Arbeitsteilung. Diese drückt den Wert der Exporte in Prozent des Bruttoinlandsproduktes aus. Die Exportquote kann ein Mehrfaches des BIP in Staaten mit Zwischenhandelsfunktionen wie Singapur erreichen (vgl. Kulke 2006, S. 173 – 174).

3.5 Leistungsbilanzsalden

„In der Leistungsbilanz eines Landes läuft alles zusammen, was einzelne Teile der Wirtschaft an Vorteilen und Nachteilen auf den internationalen Märkten aufweisen" (aus Stierle 1998, S. 6).

Zusammengesetzt wird die Leistungsbilanz aus der Handelsbilanz (Warenausfuhr abzüglich Wareneinfuhr) und der Dienstleistungsbilanz, so ergibt sich nahezu eine Differenz zwischen Güterexport und –import. Wissenschaftlich wird insbesondere der Leistungsbilanzsaldo als Indikator der internationalen Wettbewerbsfähigkeit betont. Eine Veränderung der Leistungsbilanz zum positiven oder negativen kann einen Hinweis auf eine veränderte Wettbewerbssituation geben. Im Zeitalter fester Wechselkursparitäten war die Veränderung dieses Indikators ein untrüglicher Gradmesser für die Wettbewerbsfähigkeit einer Volkswirtschaft auf den internationalen Gütermärkten. Auch in Zeiten freier Wechselkurssysteme wird die Leistungsbilanz noch als Indikator der internationalen Wettbewerbsfähigkeit angesehen. Ein positiver Anstieg der Leistungsbilanz macht deutlich, dass inländische Unternehmen mehr Güter auf ausländischen Märkten absetzen als aus dem Rest der Welt in das Inland importiert wird. Dies wertet man als Zeichen des Erfolgs, weil sich inländische Anbieter sowohl auf heimischen Märkten sowie auch auf ausländischen Märkten gegenüber ihren ausländischen Wettbewerbern erfolgreich durchsetzen. Es lässt sich der Rückschluss auf eine hohe bzw. steigende Wettbewerbsfähigkeit der Volkswirtschaft ziehen (vgl. Stierle 1998, S. 6 -11).

Massiver Kritikpunkt an Leistungsbilanzsalden sind die ständig schwankenden Wechselkurse, da diese die Wettbewerbsfähigkeit einer Volkswirtschaft verwischen (für weitere kritische Anmerkungen vgl. Stierle 1998, S. 11 – 23).

4. Wirtschaftliche Entwicklung Südostasiens

4.1 Beständiges Wachstum 1970 – 1996

1960 stellten die Länder Ost- und Südostasiens lediglich 4% des weltweiten Bruttoinlandprodukts. Im Vergleich erwirtschafteten die USA 45% und Europa 25% des weltweiten BIPs. Innerhalb einer Spanne von 35 Jahren konnten die asiatischen Staaten bis zur Mitte der 1990er Jahre aufholen und jede der drei Regionen trägt einen nahezu gleichgroßen Anteil zur globalen Wertschöpfung bei. Europas Beitrag umfasst 27%, die amerikanische Wertschöpfung liegt bei 26% des weltweiten Bruttoinlandproduktes und Ost/Südostasien leistet 25% am globalen Zuwachs. Somit ist es den asiatischen Staaten durch nachholendes Wachstum gelungen zu den Industrienationen aufzuschließen und die Region positioniert sich auf gleicher Augenhöhe zu Europa und Amerika (Wessel 1998, S. 155).

Abbildung 4 offenbart, dass von 1965 bis 1990 die Volkswirtschaften Ostasiens stärker als in anderen Regionen der Welt mit durchschnittlich 6,3% wuchsen. Hong Kong, Indonesien, Japan, Malaysia, Singapur, Taiwan und Thailand werden von der Weltbank als

die prosperierensten Volkswirtschaften mit dem Kürzel (High Performing Asian Economies - HPAEs) bezeichnet und einer durchschnittlichen Wachstumsrate von 6,6%. Seit 1960 sind diese Ökonomien mehr als doppelt so stark gewachsen wie der

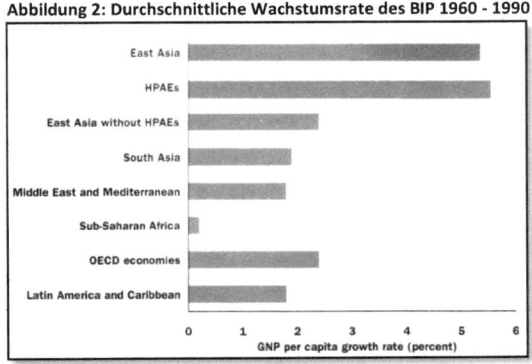

Abbildung 2: Durchschnittliche Wachstumsrate des BIP 1960 - 1990

Quelle: Weltbank 1993, S. 2

7

Rest Ostasiens. Auch die OECD-Staaten mit einer Zuwachsrate von knapp 2,5% werden überholt (vgl. Weltbank 1993, S 1 - 3).

Die Abbildung 3 lässt einen Vergleich innerhalb der wachstumsstarken Nationen zu. Dabei bilden die Volkswirtschaften Südostasiens keine homogene Gruppe. Ausgenommen von Singapur, Südkorea und Taiwan wuchs das reale Pro-Kopf-Bruttoinlandsprodukt in Indonesien am schnellsten, gefolgt von Malaysia und Thailand. Innerhalb von 1960 bis 1990 konnte sich das BIP mehr als verdreifachen. Hingegen fiel das Wachstum in den Philippinen deutlich schwächer aus (vgl. Both 1999, S. 564 -567).

Abbildung 3: Anstieg des Pro-Kopf-BIP 1960 - 1992

Land	Pro-Kopf-BIP		Durchschnittliche Wachstumsrate 1960–92 (%)[b]
	1960	1992[a]	
Singapur	1 649	13 095	6,9
Malaysia	1 497	5 614	4,4
Philippinen	1 165	1 707	1,3
Thailand	969	3 931	4,1
Indonesien	589	2 040	4,8
Laos	keine Ang.	1 377	keine Ang.
Birma	315	608	1,8
Japan	3 052	15 496	4,5
Taiwan	1 258	8 211	6,3
Südkorea	899	7 464	6,9
China	559	1 480	3,7

[a] Die Angaben für Laos und Korea beziehen sich auf 1991, für Korea auf 1990 und für Birma auf 1989. Alle Zahlen in internationalen Dollar von 1985, bereinigt um die Änderungen in den Terms of Trade.
[b] Berechnet auf Basis einer Semi-log-Funktion.

Quelle: Both 1999, S. 596.

Stellt sich nur die Frage, wie konnte ein solch starkes wirtschaftliches Wachstum entstehen. Erklärt wird dies im Weltbankbericht mit dem rapiden Wachstum an „Human Capital" und privaten Investitionen. Zudem haben die Ostasiatischen Staaten ein sehr gut ausgebautes Bildungssystem. Der Staat steuerte die Wirtschaft systematisch und fokussierte die Entwicklung auf spezielle Industriebereiche, indem günstige Kredite zur Verfügung gestellt wurden, Informationen ausgetauscht werden, Forschung und Entwicklung große Unterstützung finden und auf ein starkes Exportwachstum gesetzt wird (vgl. Weltbank, 1993, S. 5 – 7).

Keine Wachstumsstrategie ist besser mit dem asiatischen Erfolg verknüpft als die Hinwendung zum Export. Der Außenhandel erwirtschaftet dringend benötigtes Investitionskapital für den Aufbau eigener Industrien in den südostasiatischen Raum. Die Exportorientierung zeigt sich schon in den frühen 1980er Jahren durch die hohen Ausfuhrraten als Anteile am Bruttosozialprodukt. Singapur lag mit 134 % (dank Re-Exporte) an der Spitze gefolgt von Hongkong mit 78 %, Taiwan mit 49 % sowie Korea mit

34 % und Japan mit 13 % (vgl. Woronoff 1986, S. 177). Es herrschte von Beginn an der Drang Waren auf dem Weltmarkt abzusetzen, obwohl die ersten ostasiatischen Produkte von minderer Qualität waren. Dennoch ließen sich die Waren über den billigen Preis verkaufen und man erschloss weitere Märkte. Der Exporterfolg beruht auf drei Säulen. Man konnte für einen niedrigen Preis produzieren und in der entsprechenden Qualität eines Preises herstellen. Zudem wurden die Produkte einer ständig steigengenden Qualitätsverbesserung unterzogen (vgl. ebd. S. 181 – 182).

Abbildung 4: Exportzuwachs 1980 - 1997

Land	Wachstum des Exportvolumens im Jahresdurchschnitt		Prozentanteile der Gesamtexporte durch Hersteller		Handel/BIP in Prozent	
	1980–90	1990–7	1980	1996	1980	1996
Kambodscha	keine Ang.	keine Ang.	64	keine Ang.	keine Ang.	69
Vietnam	keine Ang.	keine Ang.	14	keine Ang.	keine Ang.	97
Laos	keine Ang.	keine Ang.	34	keine Ang.	keine Ang.	65
Indonesien	2,9	9,2	2	51	54	51
Philippinen	3,5	11,5	21	84	52	94
Thailand	14,0	12,8	25	73	54	83
Malaysia	14,0	15,1	19	76	113	183
Singapur	10,8	13,3	47	84	440	356

Quelle: Both 1999, S. 601.

Die Expansion der Exporte steuerte einen nicht unerheblichen Anteil zur dynamischen Wirtschaftsentwicklung bei. Zwischen 1980 und 1994 konnte sich das Ausfuhrvolumen um den Faktor 6 vermehren, während sich die Exporte weltweit nur verdoppelten (vgl. Wessel 1998, S. 156).

Abbildung 4 verdeutlicht den Exportanstieg ab den 1980er Jahren, die in den 90er Jahren bis zur Asienkrise nochmals zulegen konnte. Besonders auffällig sind die Werte in Prozent des Handels am Bruttoinlandsprodukt. Besonders starke Zuwachsraten konnte Malaysia von 113% 1980 auf 183% 1996 und Thailand von 54% 1980 auf 83% 1996 realisieren. Die Handelsanteile von Indonesien und Singapur stagnieren, wohingegen Singapur schon ein hohes Niveau erreicht hat. Eine exportfreundliche Politik trägt zur Förderung des Exportwachstums bei und führt zu höheren Investitionen und weiterem Wachstum (vgl. Both 1999, S. 569 – 570).

4.2 Asienkrise 1997 – 2000

Ausgehend von einer Währungskrise in Thailand im Sommer 1997 entwickelte sich eine Wirtschaftskrise, die die gesamte Region und insbesondere Indonesien, Thailand, Malaysia und Südkorea erfasste. Diese Krise im Jahr 1997 -98 bedeutete einen harten Einschnitt für das „Wachstumsmärchen" und läutete einen erheblichen strukturellen Umbruch ein (vgl. Krass 1998, S. 139 – 140).

In der folgenden Abbildung 5 sind die wichtigsten makroökonomischen Daten der Krisenländer aufgeführt. Bei der Betrachtung sticht die konstant auf hohem Niveau bewegende Entwicklung des Bruttoinlandsprodukts hervor. Im letzen Vorkrisenjahr 1996 sind noch die hohen auf absolutem Wert betrachtenden Wachstumsraten der Länder zu beachten. Hingegen weniger positiv fällt die Betrachtung der Leistungsbilanzen aus. Diese wies in den 1990er Jahren durchweg eine negative Entwicklung aus. Erst die in der Krise auferlegten Reformen durch den Internationaler Währungsfond konnten die Leistungsbilanzdefizite bremsen. Dennoch wurden Singapur und Taiwan von der Krise erfasst, obwohl diese einen Leistungsbilanzüberschuss erwirtschaften konnten. Man kann deshalb keinen kausalen Zusammenhang zwischen Leistungsbilanzdefizit und Krise konstruieren (vgl. Dieter 1998, S. 22 – 25).

Abbildung 5: Daten zur makroökonomischen Entwicklung

	Indonesien	Malaysia	Philippinen	Südkorea	Thailand
Reales Wachstum des BIP in % 1975 - 82	6,2	7,1	5,6	7	7
Reales Wachstum des BIP in % 1983 -89	5,5	5,4	1,1	9,6	8,1
Reales Wachstum des BIP in % 1990 - 95	8	8,8	2,3	7,8	9
Reales Wachstum des BIP in % 1996	8	8,6	5,7	7,1	6,4
Reales Wachstum des BIP in % 1997	5	7	4,3	6	0,6
Leistungsbilanzdefizit in % des BIP 1990 - 95	-2,5	-6,2	-4,1	-1,4	-6,7
Leistungsbilanzdefizit in % des BIP 1996	-3,3	-4,9	-4,7	-4,9	-7,9
Leistungsbilanzdefizit in % des BIP 1997	-1,2	-9,9	-2,9	-2	-2

Quelle: Eigene Darstellung – Daten zur Makroökonomische Entwicklung, Datenquelle: Dieter 1998, S. 23.

Mit der Kreditvergabe des Internationalen Währungsfonds Ende 1997 wurden erhebliche Strukturreformen verbunden. Diese hatten zur Folge, dass sich die Krise zunächst verstärkte. Es entwickelte sich eine Abwärtsspirale die Thailand, Indonesien und Südkorea immer tiefer in die Krise zog (vgl. Dieter 1998, S. 52 – 53). Die Maßnahmen beinhalteten erhebliche Einschnitte der Staatsausgaben, Steuererhöhungen, Zinsanhebungen und Reformierung der Finanzsysteme. Länder, die sich konsequent an das, durch die internationale Gemeinschaft auferlegte, Programm hielten, verzeichneten die stärksten

Fortschritte bei der Bewältigung der Krise. Hier genannt seien ausdrücklich Südkorea und Thailand (vgl. Wessel 1998, S. 171).

Abbildung 6: IWF-Prognose der makroökonomischen Entwicklung in den Krisenländern im April 1997

	Indonesien	Südkorea	Thailand
Wachstum des BIP (real) 1998 in Prozent	−5,0	−0,8	−3,0
Veränderung der Preise für Konsumgüter Ende 1998 in Prozent	45,0	7,4	10,6
Haushalt der Regierung in Prozent des BIP	−3,8	−2,0	−1,6
Leistungsbilanzsaldo in Prozent des BIP	+2,7	+4,8	+3,9

Quelle: Dieter 1998, S. 97.

Abbildung 6 drückt die Wachstumserwartungen des Internationalen Währungsfonds für das Jahr 1998 aus. Am stärksten von der Krise betroffen ist Indonesien. Die Rezession fällt mit -5% des BIP am stärksten in Indonesien aus. Südkorea und Thailand erwirtschaften im Jahr 1998 negatives Wachstum, aber senden mit dem hohen positiven Leistungsbilanzsaldo erste Signale der Krisenüberwindung aus. Erklärt werden das positive Leistungsbilanzsaldo mit verminderten Importen und einer Erhöhung des Exportvolumens um 20 – 30%. In Korea erholte sich die Wirtschaft am schnellsten (vgl. Dieter 1998, S. 135 – 137). Dies konnte man von Indonesien nicht erwarten, zumal sich dort noch eine politische Krise abspielte, die die Regierung Suharto stürzte und einen überfälligen Demokratisierungsprozess einleitete (vgl. Krass 1998, S. 140).

Die Asienkrise erscheint auf mehreren Ebenen als eine umfassende Finanz- und Wirtschaftskrise, die zusätzlich politische Auswirkungen in den betroffenen Staaten hervorrief. Insbesondere das Eingreifen des IWF mit Strukturanpassungsprogrammen wurde wissenschaftlich kontrovers diskutiert. Die Entwicklung kann hier nur in kürze angeschnitten werden. Zahlreiche Veröffentlichungen beschäftigen sich detailliert mit dem Thema. Auf folgende Autoren Dieter, H. 1998; Diehl, M. u. Nunnenkamp, P. 2001; Schubert, R. (Hrsg.) 2000; Spanger, H.-J. 2000 und Stiglitz 2002 sei deshalb zur eingehenden Einarbeitung verwiesen.

4.3 Auf neuen Wachstumspfaden 2000 – 2007

Zehn Jahre nach der Asienkrise befinden sich die Südostasiatischen Staaten wieder auf „Wachstumskurs". Insbesondere Hong Kong, Singapur und Südkorea erreichen das Niveau des Pro-Kopf-Einkommens von Ländern mit hohem Einkommen. Die beiden erstgenannten Stadtstaaten erwirtschaften ein Pro-Kopf-Einkommen von knapp 27 000 $. Ersichtlich ist dies in Abbildung 7.

Abbildung 7: Vergleich Bruttonationaleinkommen 2003 - 2005

	Bruttonationaleinkommen 2003 (BNE)		Bruttonationaleinkommen 2005 (BNE)	
	in Mrd. $	in $ pro Kopf	in Mrd. $	in $ pro Kopf
Hong Kong	173	25 430	192.1	27 670
Indonesien	173	810	282.2	1 280
Republik Süd-Korea	576	12 020	764.7	15 830
Malaysia	94	3 780	125.8	4 960
Singapur	90	21 230	119.6	27 490
Thailand	136	2 190	176.9	2 750
Ost-Asien und Pazifik	2 011	1 080	3067.4	1 627
Hohes Einkommen	27 732	28 550	35 528.8	35 131

Quelle: Eigene Darstellung – Vergleich Bruttonationaleinkommen 2003 - 2005, Datenquelle: Weltbank 2004, S. 308 – 309 und Weltbank 2006, S. 348 – 349.

Abbildung 8: Wachstum Bruttoinlandsprodukt - ein Vergleich

	Bruttoinlandsprodukt (BIP)					
	In Mio. $ 2003	Wachstum BIP pro Kopf in % 2002 - 2003	In Mio. $ 2005	Wachstum BIP pro Kopf in % 2004 - 2005	Durchschn. jährl. Wachstum 1990 - 2003 in %	Durchschn. Jährl. Wachstum 2000 - 2005 in %
Hong Kong	158 596	2,9	177 722	6,3	3,7	4,3
Indonesien	208 311	2,8	287 217	4,2	3,5	4,7
Republik Südkorea	605 331	2,4	787 624	3,5	5,5	4,6
Malaysia	103 161	3,2	130 143	3,4	5,9	4,8
Singapur	91 342	-1	116 764	3,7	6,3	4,2
Thailand	143 163	6,1	176 602	3,6	3,7	5,4
Ost-Asien und Pazifik	2 050 713	6,8	3 032 573	7,8	7,2	8,3
Hohes Einkommen	29 270 317	1,4	34 466 198	2,1	2,5	2,2

Quelle: Eigene Darstellung – Wachstum Bruttoinlandsprodukt - ein Vergleich, Datenquelle: Weltbank 2004, S. 312 – 313 und Weltbank 2006, S. 354 – 355.

Ausdruck findet dies in Abbildung 8 zur Entwicklung des Bruttoinlandproduktes, wenn man den Vergleich der Wachstumsraten des Bruttoinlandsproduktes betrachtet. Die von der Asienkrise am schwersten betroffenen Länder Indonesien, Thailand und Südkorea verzeichnen wieder durchweg hohe Wachstumsraten. Indonesien wächst um 4,7% im Vergleich zur vorherigen Dekade mit 4,2%. Südkorea verzeichnet ein Wachstum von 4,6% im Zeitraum von 2000 – 2005. Thailand hat sich unter den drei Ländern an die Spitzenposition mit einem Wachstum von 5,4 % im Vergleichsabschnitt gesetzt. Der Überblick über die Tabelle weist auf stabiles Wachstum hin. Besonders vorgehoben in der Betrachtung seien die Länder Indonesien und Thailand, die mit ihrer Dynamik der letzen fünf Jahre noch die 1990er Jahre übertreffen.

Für die kommenden Jahre hat die Weltbank die künftige Entwicklung in Abbildung 9 prognostiziert. Zukünftig wird die Region an die Wachstumsraten der 1990er Jahre anknüpfen können. Alleine 2006 war mit 8,1% das stärkste Wirtschaftswachstum der Tigerstaaten in den letzten zehn Jahren. Zu den kleinen Tigerstaaten gesellt sich mit China ein neuer Mitspieler. Die Wachstumsraten Chinas zeigen eine nachholende Entwicklung zu den Tigerstaaten auf und sind mit 10% außergewöhnlich hoch. Auch Vietnam entfaltet mit Quoten um 8% eine auffallende wirtschaftliche Dynamik. Südkorea ein OECD-Mitgliedsstaat zeigt mit Raten von 4% für ein entwickeltes Land noch eine gute Performance. Die Weltbank weist die Region wieder als Akteur eines soliden Wachstums aus und erwartet einen anhaltenden Trend (vgl. Weltbank 2007, S. 5). Verdeutlicht werden die getroffenen Aussagen in der unterstehenden Abbildung 9, die die zukünftigen Wachstumschancen einer bedeutend positiveren Bewertung unterzieht, als der aktuelle Weltentwicklungsbericht 2007 mit dessen Daten die Abbildung 8 arbeitet.

Abbildung 9: Prognostiziertes Wirtschaftswachstum Ostasien

	2005	2006	2007	2008
Emerging East Asia	7.6	8.1	7.3	7.0
Develop. E. Asia	9.0	9.5	8.7	8.1
S.E. Asia	5.1	5.4	5.5	5.7
Indonesia	5.7	5.5	6.3	6.5
Malaysia	5.2	5.9	5.6	5.8
Philippines	5.0	5.4	5.6	6.0
Thailand	4.5	5.0	4.3	4.5
Transition Econ.				
China	10.2	10.7	9.6	8.7
Vietnam	8.5	8.2	8.0	8.0
Small Economies	7.6	7.2	5.9	4.9
Newly Ind. Econ.	4.8	5.4	4.5	4.9
Korea	4.0	5.0	4.4	4.9
3 other NIEs	5.5	5.8	4.6	4.9
Japan	2.6	2.2	2.3	2.4

Quelle: Weltbank 2007, S. 1.

Abbildung 10: Handelsbilanz 2005

	Import 2005	Export 2005	
	in Mio. $	in Mio. $	in % BIP
Hong Kong	300 635	292 328	164,48
Indonesien	68 736	86 285	30,04
Republik Süd-Korea	261 028	284 742	36,15
Malaysia	114 607	140 948	108,3
Singapur	200 030	229 620	196,65
Thailand	118 191	110 110	62,35
Ost-Asien und Pazifik	1 059 945	1 185 932	39,11
Hohes Einkommen	7 790 420	7 351 037	21,33

Quelle: Eigene Darstellung – Handelsbilanz 2005,
Datenquelle: Weltbank 2006, S. 356 – 357.

Abbildung 11: Vergleich 1995 - 2005 Exporte in % des Bruttoinlandproduktes

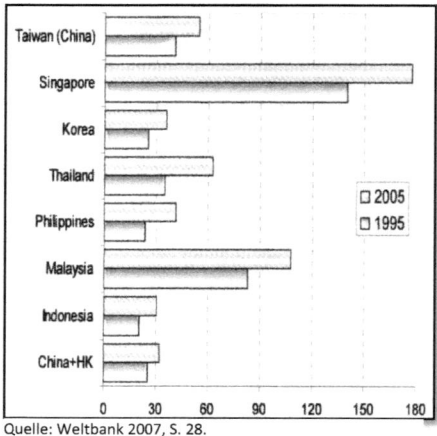

Quelle: Weltbank 2007, S. 28.

Ein Kernstück des „Asiatischen Wunders" war die Hinwendung zum Export. Dies setzt sich im neuen Jahrtausend fort. Man nutzt die Möglichkeit die weltweite Märkte bieten. Abbildung 11 verdeutlicht grafisch die Tabellenspalte „Exporte in % BIP" in Abbildung 10. Man sieht in der Darstellung sehr deutlich, dass alle asiatischen Nationen ihr Exportvolumen im Vergleich zur Mitte der 1990er Jahre übertroffen haben. Das neue an der

Abbildung 12: Vergleich 1995 – 2005 Exporte in % des Welthandels

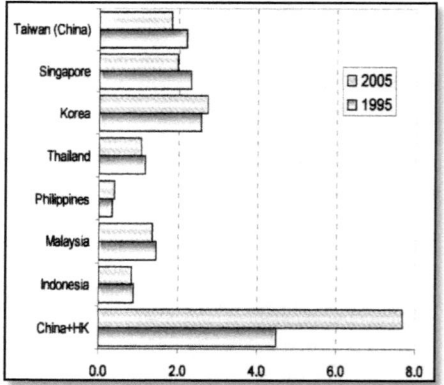

Quelle: Weltbank 2007, S. 28.

Situation ist, dass China mit seinem Wirtschaftswachstum und dem verstärkten Export am Weltmarkt partizipiert. Befördert wurde diese Entwicklung noch durch den chinesischen WTO-Beitritt Ende 2001. Chinas Anteil am Weltexport wächst beständig; der Anteil der weiteren Tigerstaaten stagniert oder fällt. Diese Situation findet Ausdruck Abbildung 12 „Vergleich 1995 – 2005 Exporte in % des Welthandels". Dennoch bietet das Wachstum der Volksrepublik China Chancen für die Länder der Region an dem komparativen Kostenvorteil Chinas teilzuhaben (vgl. Weltbank 2007, S. 28 -29).

5. Fazit

Der erste Teil der vorliegenden Arbeit führt die Volkswirtschaftliche Gesamtrechnung, das Pro-Kopf-Einkommen, die Welthandelsquote, die Exportquote und Leistungsbilanzsalden zur Analyse des wirtschaftlichen Wachstums und der Exportfähigkeit ein. Wichtig hierbei ist einen Indikator nicht alleine zu betrachten, sondern immer in Zusammenhang mit weiteren Indikatoren. Zu jedem Indikator ist weiterhin methodologische Kritik angebracht. Besonders die Volkswirtschaftliche Gesamtrechnung und das Pro-Kopf-Einkommen sieht sich erheblicher Kritik ausgesetzt. Diese Maßstäbe werden nie exakt die gesamte wirtschaftliche Aktivität eines fest definierten Raumes statistisch erfassen können, da ein zu großer ungreifbarer Sektor wirtschaftlicher Aktivität existent ist. Als beispielhafter Bereich sei hier nur die Subsistenzwirtschaft in Entwicklungsländern genannt.

Zudem müssen die Daten immer hinterfragt werden. Jede Erhebungsinstitution setzt unterschiedliche Techniken zur Datenerhebung ein. Insbesondere in den Entwicklungsländern entsprechen die gesammelten Daten nicht den statistischen Standards einer Industrienation. Deshalb kann eine vollständige Vergleichbarkeit nie garantiert werden. Die Daten zeigen Trends auf und geben Auskünfte über größere Unterschiede zwischen den Volkswirtschaften. Sie sind deshalb kein exaktes quantitatives Bewertungsmaß.

Der zweite Abschnitt macht das Wachstum der südostasiatischen Region deutlich. Dieser Prozess wird als musterhaftes Beispiel einer nachholenden Entwicklung betrachtet. Zu dieser Entwicklung führten verschiedene Politiken. Die Weltbank betont das Ansinnen der südostasiatischen Tigerstaaten ein investitionsfreundliches Klima zu schaffen und an offenen Märkten zu partizipieren. Betrachtet werden in dieser Arbeit lediglich die Indikatoren des Wachstums und der Exporttätigkeit. Festzustellen ist, dass eine hohe Integration in den Weltmarkt vorhanden ist. Den Beweis hierfür liefern die hohen Exportquoten.

In der Chronologie der wirtschaftlichen Entwicklung Südostasiens darf nicht die Asienkrise vergessen werden. Diese Krise ausgelöst im Sommer 1997 in Thailand durch eine Abwertung der thailändischen Währung Baht, erscheint als Einschnitt in das dynamische Wachstum. Verbunden mit dieser Krise sahen sich besonders Indonesien, Thailand und Südkorea mit entscheidenden Eingriffen in ihren volkswirtschaftlichen Strukturen ausgesetzt. Die Strukturanpassungsprogramme des Internationalen Währungsfonds gaben hier straffe Vorgaben.

Dennoch konnte die Krise im neuen Jahrtausend überwunden werden und die Tigerstaaten sehen einer neu aufkommenden Wachstumsdynamik entgegen. Dies wird eindrucksvoll durch die Daten der Weltbank in eigener und externer Darstellung belegt. Zukünftig wird sich die Region mit einem neuen Rivalen der Volksrepublik China arrangieren müssen. Dennoch darf aber nicht vergessen werden, dass die Volksrepublik China erhebliche komparative Kostenvorteile in den Wirtschaftsraum einbringt. Ziel der umgebenen Staaten muss es sein diese künftig für sich zu nutzen, um die wirtschaftliche Dynamik beizubehalten.

6. Literaturverzeichnis

Both, A. (1999): Die Wirtschaft Südostasiens – Auf dem Weg ins 21 Jahrhundert, in: Dahm, Bernhard / Ptak, R.d: Südostasien Handbuch, München.

Brockhaus Enzyklopadie (2006): Band 29 Verti – Wety, 21. Überarbeitete Auflage, Leipzig.

Diehl, M. u. Nunnenkamp, P. (2001): Lehren aus der Asienkrise – Wirtschaftspolitische Reaktionen und fortbestehende Reformdefizite, Institut für Weltwirtschaft Kiel April 2001.

Dieter, H. (1998): Die Asienkrise – Ursachen, Konsequenzen und die Rolle des Internationalen Währungsfonds, 3. unveränderte Auflage, Marburg.

Kraas, F. (1998): Determinanten der jüngsten Wirtschaftsentwicklung in Südostasien, In Zeitschrift für Wirtschaftsgeographie, 4(3/4), S. 139 - 154.

Kulke, E. (2006): Wirtschaftsgeographie, 2. Auflage, Paderborn – München – Wien – Zürich.

Mankiw, N.-G.; Übertr. aus dem amerikan. Engl. von Wagner, A. (2001): Grundzüge der Volkswirtschaftslehre, Stuttgart.

Nuscheler, K. (2005): Entwicklungspolitik – Bundeszentrale für politische Bildung, Bonn.

Schätzl, L. (2000): Wirtschaftsgeographie 2 – Empirie, 3. Auflage, Paderborn – München – Wien – Zürich.

Schubert, R. (Hrsg.) (2000): Ursachen und Therapien regionaler Entwicklungskrisen – das Beispiel der Asienkrise erschienen in der Reihe Schriften des Vereins für Socialpolitik Band 276, Berlin.

Spanger, H.-J. (2000): Vor einer Renaissance des „asiatischen Modells"? – Die Krisen in Asien und ihre strukturpolitischen Folgen, Hessische Stiftung Friedens- und Konfliktforschung, Frankfurt Oktober 2000.

Stiglitz, J. (2002): Die Schatten der Globalisierung, Berlin.

Stierle, M.-H.(1998): Volkswirtschaften in der Globalisierung – Konzeptionelle Analyse der zentralen Indikatoren der internationalen Wettbewerbsfähigkeit von Volkswirtschaften, Speyer.

Weltbank (1993): The East Asian Miracle – Economic Growth and Public Policy, Washington D.C..

Weltbank (2004): Weltentwicklungsbericht 2005 – Sonderausgabe für die Bundeszentrale für politische Bildung, Washington D.C..

Weltbank (2006): Weltentwicklungsbericht 2007 – Sonderausgabe für die Bundeszentrale für politische Bildung, Washington D.C..

Weltbank (2007): 10 Years after the Crisis – Special Focus: Sustainable Development in East Asia's Urbane Fringe, URL: http://www-wds.worldbank.org/external/default/WDSContentServer/WDSP/IB/2007/04/06/000310607_20070406122025/Rendered/PDF/393720EAP1Update1April200701PUBLIC1.pdf (Download 17.05.07), April 2007.

Wessel, K (1998): Wirtschaftsdynamik und intraregionale Integration in Ost- und Südostasien. Zeitschrift für Wirtschaftsgeographie. 42 (3/4). 155 - 172.

Woronoff, J.; Übertr. aus d. Amerikan. von Gast, U. (1986): Wirtschaftswunder in Fernost, Heidelberg.